SITZUNGSBERICHTE DER DEUTSCHEN AKADEMIE
DER WISSENSCHAFTEN ZU BERLIN

*Klasse für Philosophie, Geschichte, Staats-,
Rechts- und Wirtschaftswissenschaften
Jahrgang 1962 • Nr. 4*

HEINZ SANKE

ENTWICKLUNG UND GEGENWÄRTIGE PROBLEME DER POLITISCHEN UND ÖKONOMISCHEN GEOGRAPHIE IN DER DEUTSCHEN DEMOKRATISCHEN REPUBLIK

AKADEMIE-VERLAG • BERLIN
1962

Vortrag gehalten von Hrn. Sanke in der Sitzung der Klasse für Philosophie, Geschichte, Staats-, Rechts- und Wirtschaftswissenschaften vom 29. 3. 1962
Zum Druck genehmigt am gleichen Tage, ausgegeben am 20. 12. 1962

Erschienen im Akademie-Verlag GmbH, Berlin W 8, Leipziger Straße 3-4

Lizenznummer: 202 · 100/22/63
Gesamtherstellung: IV/2/14 · VEB Werkdruck Gräfenhainichen · 1922
Bestellnummer: 2010/62/VI/4 · ES 15 B · Preis: DM 2,50

Geographisch-deterministische Fragestellungen und Auffassungen nahmen im Lehrgebäude eines Jean Bodin, Charles de Montesquieu, Immanuel Kant und Johann Gottfried Herder einen breiten Raum ein, sie kamen aber auch wenigstens in Teilkonzeptionen des Philosophen Georg Wilhelm Friedrich Hegel, des Historikers Henry Thomas Buckle und des Geographen Carl Ritter zum Ausdruck. Der Philosoph und Aufklärer Charles de Montesquieu begründete zwar nicht den geographischen Determinismus[1] — bereits in der Antike lassen sich dessen Spuren nachweisen —, aber sein Werk „De l'esprit des lois" (1748) schuf diesem eine weite Verbreitung zu dem Zeitpunkt, als die bürgerliche Revolution in Frankreich herangereift war, weil es unter deistischem Aspekt jegliche gesellschaftliche Ordnung und Entwicklung aus der Natur, besonders aus dem Reich des Klimas und daneben vom Boden her, ableitete und weil diese auf die Natur bezogenen ursächlichen Erklärungen zu einer gewichtigen Waffe der aufstrebenden Bourgeoisie gegen die absolutistischen und feudal-klerikalen Machthaber[2] wurden. Die andersartige Klassen-

[1] Man findet Keimformen des geographischen Determinismus schon in den Länder- und Völkerbeschreibungen der Logographen, z. B. bei Hekatäus von Milet, und später in dem länderkundlichen Werk des Strabo, weiterhin in Verbindung mit der Geschichtsschreibung besonders bei Herodot, Thukydides, Xenophon und Polybius, in den Staatslehren der Philosophen Plato und Aristoteles oder in dem Werk des großen Arztes Hippokrates; derartige Fragen klangen auch immer wieder in den Arbeiten der vielen Naturphilosophen, Naturforscher und Geographen der Antike, von Thales von Milet bis zu Ptolemäus, an.

[2] Die Feststellungen des geographischen Determinismus — sofern sie überhaupt zutrafen — stimmten häufig nur zufällig mit der Wirklichkeit überein und stellten so lediglich halbe Wahrheiten dar; sie waren dennoch in dem Prozeß der Entwicklung der Wissenschaft und des wissenschaftlichen Denkens progressiv gegenüber den theologischen Interpretationen der feudal-klerikalen Ideologie, mußten allerdings zu einem Hemmnis der weiteren Entwicklung in dem Augenblick werden, in dem sie bewußt konstruiert zur Verteidigung des kapitalistischen Systems angewandt wurden.

situation der jungen Bourgeoisie in Deutschland – ihre Kraft war auf Grund der rückständigen Wirtschaft der deutschen Länder und Ländchen bedeutend schwächer; entsprechend war ihr Selbstbewußtsein geringer entwickelt und wurden ihre Machtansprüche vorsichtiger gestellt – bedingte, daß ihre Ideologen und geographischen Deterministen keine Mühe scheuten, die radikale natürliche Kausalität eines Charles de Montesquieu mit der herrschenden sakralen, religiös-mystischen Weltanschauung in Übereinstimmung zu bringen und folglich dem Fideismus Zugeständnisse zu machen. Ihr geographischer Determinismus erwies den Thronen und Thrönchen der deutschen „Vaterländer" in schuldigem Respekt Reverenz, indem er von vornherein mechanisch-„materialistische" Anschauungen mit einer letztlich bestimmenden *teleologischen* Betrachtungsweise zu einem eklektischen, keiner und jeglicher Aussage fähigen Ganzen verknüpfte und gewollt einen verwirrenden Charakter annahm.

Der geographische Determinismus verschiedener Observanz setzte sich in der Epoche der Aufklärung und des Rationalismus souverän durch und übte auch zu Beginn des im vergangenen Jahrhundert heranreifenden naturwissenschaftlichen Zeitalters auf die geographischen Lehrmeinungen einen beherrschenden Einfluß aus. Die in dem Zeitraum der stürmischen Entfaltung der Naturwissenschaften ebenfalls entstehende moderne wissenschaftliche Geographie mußte sich notwendigerweise mit überholten, ungenauen und unrichtigen Anschauungen des geographischen Determinismus auseinandersetzen; jegliche Ansätze zu einem auch gesellschaftliche Probleme exakt und fruchtbar erschließenden geographischen Wissenschaftszweig setzten die Überwindung des geographischen Determinismus überhaupt voraus. Es war nicht zufällig, sondern geradezu zwangsläufig, daß der Begründer der modernen wissenschaftlichen Geographie, Alexander von Humboldt, zur Überwindung und Verwerfung des geographischen Determinismus im allgemeinen wie auch seiner typisch deutschen, durch eine verwirrende Verknüpfung mechanisch-„materialistischer" mit *teleologischen* Elementen gekennzeichneten Spielart im besonderen gekommen ist. Es ist charakteristisch, daß ein Alexander von Humboldt dabei und dadurch die gesellschaftlich-geographische Grundkonzeption[3] ent-

[3] Alexander von Humboldt beschäftigt sich auf seinen Forschungsreisen auch eingehend mit Fragen der Bevölkerung und Wirtschaft, so z. B. mit der Ethnographie, der politischen, ökonomischen, sozialen und

wickelt hat, die allein die Möglichkeit bot, zu einem auf die Gesellschaft bezogenen geographischen Wissenschaftszweig — in Form einer echten selbständigen Disziplin — zu gelangen und so dem wissenschaftlichen Aufschwung der physischen Geographie eine adäquate Entwicklung der „gesellschaftlichen" Geographie — eben wiederum im Sinn einer echten selbständigen Wissenschaft analog der heutigen politischen und ökonomischen Geographie — an die Seite zu stellen.

Es ist nicht möglich, den Wissenschaftler und den Menschen, den wissenschafts- und erkenntnistheoretischen Gehalt seines Werkes, sein gesellschaftliches Anliegen und seine humanitäre Gesinnung voneinander zu trennen. Alexander von Humboldt, der Abkömmling eines Adelsgeschlechtes, war stets Bürger im besten Sinn des Wortes; in seiner Person und mit seinem Werk verbanden sich zwei Hochzeiten der Entwicklung der bürgerlichen Klasse in Deutschland, die Blütezeit der deutschen klassischen Dichtung und die Zeit der stürmischen Entfaltung der deutschen Naturwissenschaften. Er bekannte sich bereits in jungen Jahren zu den Idealen der französischen bürgerlichen Revolution, ihn wollten die Revolutionäre von 1848 am 21. März an der Seite des Königs auf dem Balkon des Berliner Schlosses sehen, und

kulturellen Situation der Bevölkerung, dem Anteil und der Lage der Sklaven, weiterhin mit dem Status des Bergbaus, der Landwirtschaft, des Gewerbes und der Industrie sowie des Außenhandels auf der Insel Kuba oder in dem Vizekönigreich Neuspanien (Mexiko); er trat dabei als Ankläger des Kolonialismus und der Sklaverei, als Sprecher gegen Tyrannei, Klerikalismus und Rassenwahn und als Verteidiger der Unterdrückten und Ausgebeuteten auf. Seine Werke enthalten so eine Fülle von Aussagen, Beobachtungen und kritischen Gedanken zu gesellschaftlichen Gegebenheiten und Probleme, in ihnen werden überdies allgemein-historische, kultur- und wissenschaftshistorische sowie historisch-geographische Fragen in einem breiten Umfang abgehandelt; weiterhin spielen auch Fragen ästhetisch-sittlicher und ästhetisch-künstlerischer Art eine große Rolle. Er machte in seinen Darlegungen nicht den Fehler, dem geographischen Milieu einen bestimmenden Einfluß auf die gesellschaftlichen Verhältnisse zuzuschreiben und Naturgesetze auf die gesellschaftliche Entwicklung anzuwenden, war vielmehr der Auffassung, daß „*Gesetze anderer, geheimnisvollerer Art*" in der Sphäre der Gesellschaft walten (Kosmos, Entwurf einer physischen Weltbeschreibung, I. Band, Stuttgart und Tübingen 1845; S. 386) und bezeichnete solche Untersuchungen folgerichtig als „*Essai politique*" (z. B. Essai politique sur le royaume de la Nouvelle-Espagne, Paris 1811).

vor seinem Sterbehaus neigten die Arbeiter der benachbarten Borsigwerke noch Jahre nach seinem Tod ihre Fahnen. Alexander von Humboldt bot eine Gesamtschau der Natur nach dem Stand des Wissens um die Mitte des 19. Jahrhunderts dar; er stellte sein naturwissenschaftliches Weltbild dem herrschenden religiös-mystischen Weltbild gegenüber, trug so dazu bei, die Gleichberechtigung der Naturwissenschaften gegenüber der Theologie und der idealistischen Philosophie zu erkämpfen; und er wollte überdies mit seinen in bester, volkstümlicher Sprache geschriebenen Büchern das Verständnis der Allgemeinheit für das neu anbrechende naturwissenschaftliche Zeitalter wecken. Sein „Kosmos" und seine „Essais politiques" wurden zu einem Hebel für die geistige Emanzipation der unterdrückten Massen und – einmal geistiges Gut des Volkes geworden – zu einem den Fortschritt vorantreibenden, revolutionären und revolutionierenden Werk, getragen von einer zutiefst empfundenen humanitären Gesinnung.[4]

Durch das Wirken dieses größten wie liebenswertesten aller deutschen Geographen und weiterer in seinem Geist wirkenden Geographen – so von Ferdinand von Richthofen und Albrecht Penck, die hervorragende Repräsentanten der Humboldtschen Richtung in der Geographie, und zwar besonders in der physischen Geographie, darstellten, aber auch von Alfred Rühl, der sich das von Humboldt überkommene wissenschaftliche und kulturelle Geisteserbe am vollständigsten zu eigen machte und seine gesellschaftlich-geographische Grundkonzeption schöpferisch weiterentwickelte[5] – in *Berlin* und an seiner Universität[6] fanden die geographischen Wissenschaften hier eine

[4] Alexander von Humboldt brachte eine solche mit den Worten „Indem wir die Einheit des Menschengeschlechtes behaupten, widerstreben wir auch jeder unerfreulichen Annahme von höheren und niederen Menschenraccen ... Alle sind gleichmäßig zur Freiheit bestimmt" unmißverständlich zum Ausdruck (Kosmos, a. a. O., S. 385).

[5] Rühl lehnte grundsätzlich jegliche Konstruktion einer Einheit der Geographie ab, gleich ob eine solche dem angeblichen chorologischen Charakter der Geographie entspränge – „Dadurch, daß ein Objekt eine geographische Verbreitung besitzt, wird es noch nicht zu einem Gegenstand der Geographie" (Einführung in die allgemeine Wirtschaftsgeographie, Leiden 1938, S. 23) – oder sich scheinbar aus der Verfahrensweise der Länderkunde ergäbe – „Man hat der Geographie als Wissenschaft einen schlechten Dienst erwiesen, als man ihr die Länderkunde als wichtigstes Arbeitsgebiet zuwies" (ebenda, S. 31) – und forderte folgerichtig die Trennung der Geo-

dauernde Heimstatt, entstand hier ihr bedeutendstes und fortschrittlichstes Zentrum in Deutschland. Die von Humboldt, Richthofen, Penck, Rühl und ihren Nacheiferern vertretene Richtung in der Geographie ist gekennzeichnet durch ihre echte Wissenschaftlichkeit und ihre mit dieser unlöslich verbundenen progressiven und humanitären Bestrebungen, d. h. durch *die Einheit von Wissenschaft, Fortschritt und Humanismus.*

Diese Richtung blieb jedoch nicht die einzige in der deutschen bürgerlichen Geographie. Carl Ritter knüpfte wieder an Johann Gottfried Herder an und verankerte endgültig den geographischen Determinismus und die *Teleologie* als *eklektische Einheit*[7] in der deutschen bürgerlichen Geographie. Er war zweifelsohne ein bedeutender Geograph,

graphie — „Man entschließe sich aber dazu, die beiden Hauptteile der Geographie, die physische Geographie und die soziale Geographie, als getrennte Wissenschaften zu betrachten, und nicht in ihrer Vereinigung und Durchmengung das Ziel zu sehen, das heißt also, die Länderkunde ... aufzugeben" (ebenda, S. 34).

[6] Die Berliner Universität gehört zu den jüngsten Universitäten Deutschlands. Von ihr sollten nach dem Willen der Männer, denen ihre Gründung zu danken ist — Wilhelm und Alexander von Humboldt, deren Namen sie heute trägt, sowie Johann Gottlieb Fichte, Friedrich Schleiermacher und Christoph Wilhelm Hufeland waren hierbei die Tätigsten —, entscheidende Impulse im Kampf gegen die napoleonische Unterdrückung wie gegen die innere Reaktion und die eigene Rückständigkeit ausgehen.

[7] Ritter sah die Erde als „das Erziehungshaus, die große Erziehungsanstalt des Menschengeschlechts", als „das Werk der göttlichen Vorsehung" an (Die Erdkunde im Verhältnis zur Natur und zur Geschichte des Menschen, oder allgemeine, vergleichende Geographie, als sichere Grundlage des Studiums und Unterrichts in physikalischen und historischen Wissenschaften, I. Theil, Berlin 1817, S. 19); solche Formulierungen wie: „Nicht die absolute Größe, nicht die Masse und das Gewicht des Materiellen, sondern die Form, die gegliederte und höher organisierte Form, errang das Übergewicht und trug das ihrige zur Entscheidung des Schicksals der Völker der Erde bei. Eine reiche Mitgift vollendeter Form hat die Vorsehung Europa mitgegeben" (ebenda, S. 216) oder: „Der Harmonie europäischer Form ist das Übergewicht über die Macht der Materie verliehen. Europa, der kleinste der Erdtheile, war bestimmt, doch die Herrschaft über die übrigen Erdtheile, selbst über das große Asien, zu üben" (ebenda, S. 218) legen eindringlich dar, wie geographischer Determinismus und Teleologie zusammenflossen, wobei bei Ritter der Ratschluß der personifizierten

der die zu seiner Zeit bekannten geographischen Tatsachen sammelte, ordnete und bearbeitete, er begnügte sich aber nicht mit dem Studium der objektiven Realität, sondern verschaffte seinen Ideen und Spekulationen von außen her Eingang in die Geographie, und seine europazentrische und religiöse Anschauungsweise trug in letzter Konsequenz den ökonomischen Interessen der damaligen Bourgeoisie in Deutschland sowie ihren theologischen Vorurteilen Rechnung. In der von ihm geprägten deutschen bürgerlichen „gesellschaftlichen" Geographie — der nicht allein auf exakten und empirischen Untersuchungen beruhenden sowie niemals selbständigen *Anthropogeographie* als Teilkomplex einer künstlich konstruierten *Einheitsgeographie* — verbanden sich von Anfang an der platte geographische „Materialismus" und die antiquierte *Teleologie* zu Nutzen und Frommen der herrschenden Klassen; in sie fanden schon bald chauvinistischer Dünkel und rassistische Überheblichkeit sowie dann später auch eine ungezügelte Propaganda kolonialer Expansion Eingang; aus ihr entwickelten sich mit dem Übergang des Kapitalismus der freien Konkurrenz in den Monopolkapitalismus schließlich die im Dienst imperialistischer Zielsetzungen stehenden, sich des geographischen Bereichs bemächtigenden und sich geographischer Mittel bedienenden Apologien, so besonders die von Friedrich Ratzel begründeten pseudowissenschaftlichen Disziplinen der bürgerlichen politischen Geographie[8] und der Geopolitik[9].

Alle diese vielfältigen Disziplinen der *Anthropogeographie* als integrale Bestandteile einer *Einheitsgeographie* wandten nach wie vor den

Gottheit und seine in Geographie und Geschichte offenbar werdende Verwirklichung an Stelle der Herderschen unpersönlichen Idee und ihrer fortschreitenden Durchsetzung traten.

[8] Ratzel „bereicherte" den geographischen Determinismus um den biologischen Faktor. Der Staat wurde als „bodenständiger" Organismus ausgegeben, seine Entwicklung entsprechend als von dem Boden innewohnenden und ihm entströmenden Impulsen bestimmt ausgelegt (Politische Geographie, Berlin 1923, S. 1ff.); er war gewissermaßen biologischen Gesetzen und einem biologischen Wachstum unterworfen und mußte sich seinem Wachstum gemäß zwangsläufig im Raume entfalten. Damit war die Möglichkeit gegeben, imperialistische Expansionsbestrebungen aus natürlichen, geographisch-biologischen Fakten heraus zu rechtfertigen.

[9] Der General und Geograph Karl Haushofer wurde der führende Vertreter der Geopolitik, namhafte Geographen wie Erich Obst, Otto Maull und Hermann Lautensach, die ersten Herausgeber der berüchtigten „Zeitschrift für Geopolitik", wurden neben vielen anderen ihre Verfechter.

geographischen Determinismus auf Grund der durch ihn gegebenen Möglichkeit, zu falschen, aber gewünschten Ergebnissen zu kommen, bewußt an; sie beschränkten sich aber nicht nur auf geographisch-deterministische Konstruktionen, sondern verbanden solche mit anderen „Idealkonstruktionen“[10], die sie dem Arsenal der bürgerlichen Pseudowissenschaft entlehnten. Die mit allen diesen Disziplinen auf das engste zusammenhängende Länderkunde im Rahmen einer *Einheitsgeographie* stand dem keinesfalls nach. Der im Bereich der physischen Geographie vor sich gehende Differenzierungsprozeß setzte sich auch in der *Anthropogeographie* fort.[11] Die Gegenstände der einzelnen geographischen Disziplinen waren so zahlreich und so unterschiedlich geworden, daß für die gesamte Geographie nicht mehr eine einheitliche Definition gegeben werden konnte. Es war nicht mehr möglich, die Fiktion einer Einheit der Geographie insgesamt nachzuweisen; folglich wurde wenigstens versucht, diese scheinbare Einheit mindestens in bezug auf begrenzte räumliche Komplexe — Länder, Landschaften — aufrechtzuerhalten, indem man sich auf Alfred Hettner und den von ihm herausgestellten chorologischen Charakter der Geographie[12] berief bzw. wiederum unter Zuhilfenahme des geographischen Determinismus oder seiner

[10] So mit dem Rassismus und dem Sozialdarwinismus aus der Biologie, dem Malthusianismus aus der Demographie, mit Begriffen wie Lebensraum, Integration, Staatsgesinnung, Lebensweise aus der Ökonomie und Soziologie.

[11] Die Geomorphologie, Hydrologie, Klimatologie und Biogeographie spezialisierten sich immer stärker, die Pedologie verselbständigte sich vollkommen; neben der allgemeinen Anthropogeographie, die sich besonders mit dem Einfluß der Natur auf den Menschen befaßt und deren hervorragendste Teildisziplin die physische Anthropogeographie darstellt, entstand die angewandte Anthropogeographie oder Kulturgeographie, die sich vor allem mit dem Einfluß des Menschen auf die Natur beschäftigt und deren wichtigste Teildisziplinen einmal die allgemeine Kulturgeographie (Kulturlandschaftsforschung), zum anderen die ihrerseits wiederum auseinanderstrebenden Disziplinen der Siedlungs-, Wirtschafts-, Verkehrs- und politischen Geographie sind.

[12] Hettner wollte die Geographie des Menschen als nur einen Teil der Geographie von deren „Wesen als chorologische Wissenschaft oder Wissenschaft von den Räumen der Erdoberfläche, d. h. den Ländern und Landschaften“ allein bestimmt wissen (Allgemeine Geographie des Menschen, I. Band: Die Menschheit, Grundlegung der Geographie des Menschen, Stuttgart 1947, S. 3).

modernen, der funktionellen Betrachtungsweise der Kulturgeographie und Kulturlandschaftsforschung entspringenden Spielart, des neuen geographischen Determinismus, natürliche und gesellschaftliche Entwicklungsbedingungen, -prozesse und -gesetze nunmehr innerhalb begrenzter räumlicher Komplexe miteinander vermengte und damit zu einer qualitativ neuen *Einheitsgeographie* (*-länderkunde*) zu gelangen behauptete. Daß alle diese ineinanderfließenden und miteinander verwobenen Disziplinen der *Anthropogeographie* und die — vergleichsweise zur offenen bürgerlichen politischen Geographie und Geopolitik äußerlich in einem harmloseren Gewand auftretende und unter Umständen gerade darum um so brauchbarere wie gefährlichere — *Einheitsländerkunde* ganz und gar zusammengehören und sich gegenseitig bedingen, beweist die von Hugo Hassinger proklamierte Forderung auf Einmündung der Anthropogeographie in die Länderkunde[13] eindringlich und unmißverständlich.

Der politische, ökonomische, soziale und kulturelle Neuaufbau, der nach der Zerschlagung des deutschen Faschismus im Jahre 1945 auf dem Territorium der heutigen Deutschen Demokratischen Republik vor sich ging, verlangte entsprechend den neuen Bedürfnissen der gesellschaftlichen Praxis im allgemeinen[14] und der wirtschaftlichen Praxis

[13] Die von Hassinger verfaßte Formulierung „Wenn die Disziplinen der Anthropogeographie, Siedlungs-, Wirtschafts- und Verkehrsgeographie u. a. nicht systemlos nach allen Richtungen zerflattern sollen . . ., ist es nötig, . . . die Anthropogeographie, einen Zweig der allgemeinen Geographie, in die Länderkunde einmünden zu lassen" stellt nicht die Meinung eines einzelnen Geographen dar, sondern ist für die gesamte Einheitsländerkunde symptomatisch (Handbuch der geographischen Wissenschaft, Allgemeine Geographie, II. Teil: Das Leben auf der Erde, Potsdam 1933, S. 177f.).

[14] Allein schon die demokratische Schulreform des Jahres 1946 in der Sowjetischen Besatzungszone Deutschlands setzte eine derartige Entwicklung voraus. Es durfte nicht mehr geschehen, die Jugend im Geist der Irrlehren einer Einheitsgeographie und der diesen zwangsläufig entsprechenden Vorstellungswelt der politischen Geographie und Geopolitik zu vergiften; es kam nunmehr darauf an, dem Geographieunterricht eine solche Gestaltung zu geben, daß er vermochte, die Jugend im Geist der Achtung aller friedliebenden Völker und der Anerkennung ihrer Leistungen zu erziehen, sie auf die unumgängliche Solidarität aller friedliebenden und werktätigen Menschen im Kampf gegen den Imperialismus und die Ausbeuterklassen hinzuweisen und in ihr eine echte Liebe und Opferbereitschaft für die eigene Heimat zu wecken.

im besonderen gebieterisch auch von der Geographie, daß sie neue Wege zu beschreiten habe. Vor allem die Einführung der Wirtschaftsplanung sowie die Durchführung des Zweijahrplanes und später der Fünfjahrpläne machten die Entwicklung einer der Regional- und Gebietsentwicklungsplanung dienenden, auf dem Marxismus-Leninismus beruhenden politischen und ökonomischen Geographie erforderlich. Aus diesen Bedingungen heraus und zwecks Erreichung dieser Ziele entwickelte sich seit dem Jahre 1949 eine Richtung in der Geographie der Deutschen Demokratischen Republik, die sich auf die Erkenntnisse und Lehren des Marxismus-Leninismus stützt, von ihnen ausgeht, sich dabei die Erfahrungen der sowjetischen Geographie zunutze macht und bewußt gleichermaßen an die rühmliche Seite der Tradition der deutschen bürgerlichen Geographie wieder anknüpft. Es ist eine Tatsache, daß die Auffassung von einem *System geographischer Wissenschaften* und von einer diesem System als seiner „gesellschaftlichen" Geographie im Sinn einer echten selbständigen Wissenschaft angehörenden marxistischen *politischen und ökonomischen Geographie* zuerst an der Humboldt-Universität zu *Berlin*[15] heimisch geworden ist und dann von hier ihre weitere Verbreitung gefunden hat. Es ist genauso der Ausdruck einer gesetzmäßigen Entwicklung, daß das von Alexander von Humboldt und weiteren in seinem Geist wirkenden Geographen überkommene wissenschaftliche und kulturelle Geisteserbe im ersten Arbeiter-und-Bauern-Staat in der deutschen Geschichte und nicht im imperialistischen Westdeutschland mit seiner militaristisch-klerikalen Ideologie seine Pflegstatt[16] gefunden hat.

[15] Berlin wurde der Sitz der Regierung der Deutschen Demokratischen Republik, des ersten Arbeiter-und-Bauern-Staates in der deutschen Geschichte, und damit zwangsläufig zum Brennpunkt des Kampfes um den Aufbau einer neuen, besseren gesellschaftlichen Ordnung und zu einem Zentrum der Auseinandersetzung mit den Kräften und Ideen der Restauration, wobei die Geographie an diesem Kampf und dieser Auseinandersetzung beteiligt war und ist.

[16] Den Verfechtern eines Systems geographischer Wissenschaften und einer diesem System angehörenden politischen und ökonomischen Geographie in der DDR sind Humboldt und seine Nacheiferer sowie ihr Werk Verpflichtung, menschenfeindliche und menschenverachtende Ideen in der Geographie konsequent zu bekämpfen und nicht mehr zuzulassen, daß solche Ideen nochmals ihren unheilvollen Einfluß auf breite Kreise der Bevölkerung auszuüben vermögen. Das höchste Menschheitsideal eines

Diese Richtung war jedoch nicht die einzige in der Geographie der Deutschen Demokratischen Republik. Die Vertreter der „alten“ Geographie verurteilten zwar die Verirrungen der Geographie unter dem Faschismus und wandten sich im allgemeinen stärker Problemen der physischen Geographie zu. Einige unter ihnen unterließen aber auch weiterhin eine klare und unmißverständliche Unterscheidung zwischen dem Charakter der physischen Geographie als Naturwissenschaft und dem Charakter der *politischen und ökonomischen Geographie* als Gesellschaftswissenschaft, pflegten vielmehr die aus der Kulturgeographie und Kulturlandschaftsforschung herrührende funktionelle Betrachtungsweise, gaben ihr den Vorzug und unternahmen mit ihrer Hilfe den Versuch, die *Einheitsgeographie* (*-länderkunde*) zu erhalten. Die gewollte Erforschung der Gesamtheit der Erscheinungen der Erdhülle in ihren verschiedenen Sphären (Litosphäre, Atmosphäre, Hydrosphäre) einschließlich der Flora und Fauna und auch der menschlichen Gesellschaft in ihren funktionalen Zusammenhängen brachte die Einbeziehung sogenannter sozialer Kausalitäten und das Eingehen auf den Arbeitsprozeß — allerdings grundsätzlich in Abstraktion von der Produktionsweise der materiellen Güter — mit sich. Einer solchen funktionellen Betrachtungsweise[17] war von Anfang an — eben auf Grund der Abstraktion von der Produktionsweise der materiellen Güter — eine neue

Humboldt und sein Zugehörigkeitsgefühl zu allen Menschen finden bei ihnen heute im sozialistischen Internationalismus einen spezifischen Ausdruck. Er gebietet, gegen jegliche Verunglimpfung der sozialistischen Brudervölker, des nationalen Befreiungskampfes der kolonial versklavten Völker und Nationen und ebenfalls des sozialen Befreiungskampfes aller ausgebeuteten Menschen durch die geographische Apologetik des Imperialismus vorzugehen. Die lichte Gestalt eines Humboldt, die Reinheit seiner Gesinnung und die „Misere“ der späten deutschen bürgerlichen Geographie, ihr Anteil an der ideologischen Vorbereitung zweier Weltkriege — das sind Kontraste, wie man sie sich größer nicht vorstellen kann.

[17] Carl Troll beispielsweise sieht in der funktionellen Betrachtungsweise „das eine wesentlich Neue der modernen Geographie gegenüber Ratzel“; er erkennt „wirtschaftliche und geistige Beziehungen, die . . . wieder von ständischen, politischen und religiös-ethischen Kräften überlagert werden“, wohl als soziale Kausalitäten an, faßt diese wie auch die sich aus dem Arbeitsprozeß ergebenden Faktoren geographischer Untersuchung jedoch als losgelöst von der Produktionsweise der materiellen Güter auf (Der Stand der geographischen Wissenschaft und ihre Bedeutung für die Aufgaben der Praxis, in: „Forschungen und Fortschritte“, Berlin 1956, H. 9, S. 259).

„Idealkonstruktion" in Form der modernen Spielart des geographischen Determinismus, des neuen geographischen Determinismus, immanent. Die in der funktionellen Betrachtungsweise nach funktionalen Zusammenhängen nebeneinandergestellten und miteinander vermengten natürlichen und gesellschaftlichen Entwicklungsbedingungen, -prozesse und -gesetze sowie die Verwandlung der in Wirklichkeit dem Einfluß der Produktionsverhältnisse unterliegenden gesellschaftlichen Kategorien in scheinbar von den Produktionsverhältnissen unabhängige „ewige" Kategorien ließen schließlich Vorstellungen von räumlichen Komplexen mit eigener Gesetzmäßigkeit — etwa wie von der „Kulturlandschaft" mit ihrer behaupteten „Eigengesetzlichkeit" — aufkommen, die dann zwangsläufig, gewollt oder ungewollt, in letztlich geopolitische Vorstellungen — analog der Ratzelschen Konstruktion des biologischen Faktors[18] — einmünden mußten.

Zwei Richtungen — das *System geographischer Wissenschaften* mit der ihm angehörenden *politischen und ökonomischen Geographie* und die *Einheitsgeographie* (*-länderkunde*) — stehen einander gegenüber; beide haben ihre Geschichte und standen im Dienst verschiedener Klassenkräfte. Die Vergangenheit lehrt, daß die wissenschaftliche Geographie sich im Geist ihres Begründers Alexander von Humbold stets für die Belange des Fortschritts und die Bestrebungen des Humanismus einsetzte, während die pseudowissenschaftlichen geographischen Apologien von den Kräften des Konservatismus und der Reaktion dazu benutzt wurden, das bestehende System aufrechtzuerhalten und zu rechtfertigen, wobei man sich nicht scheute, zu diesem Zweck barbarische Ideen der Menschenfeindlichkeit und Menschenverachtung zu propagieren. Das *System geographischer Wissenschaften* befindet sich gegenwärtig in dem entscheidenden Stadium einer qualitativen Weiterentwicklung; wiesen weite Bereiche dieses Systems, besonders in Teilbereichen der physischen Geographie, bisher einen wenig auf die Belange der Volkswirtschaft ausgerichteten Charakter auf, so entwickelt es sich in allen seinen Teilbereichen nunmehr in Erfüllung der von der Vollendung des Aufbaues des Sozialismus in der Deutschen Demokratischen Republik und den anderen sozialistischen Ländern sowie von der Errichtung der materiell-technischen Basis des Kommunismus in der Sowjetunion gestellten Aufgaben zu einer die Umgestaltung der Natur in Einheit mit der Neugestaltung des Standortgefüges immer

[18] Vgl. S. 8, Anm. 8.

aktiver agierenden Wissenschaft. Die *Einheitsgeographie* — besonders ihre anthropogeographischen Bestandteile einschließlich deren relativ harmloseren Erscheinungsformen wie der Kulturgeographie und Kulturlandschaftsforschung — setzt dagegen derartigen Bestrebungen und Zielsetzungen auf Grund der in jenen allgemein üblichen funktionellen Betrachtungsweise und den einer solchen wiederum immanenten „Idealkonstruktionen" von vornherein eine unüberwindbare Schranke entgegen.

Die gesellschaftliche Wertung beider Richtungen in der Geographie und ihrer Genesis — ihre letztlich vorzunehmende Zuordung zum philosophischen Materialismus (dialektischen Materialismus bzw. spontanen Materialismus)[19] oder zum philosophischen Idealismus — hat nicht nur eine große theoretische Bedeutung, sondern ist auch von entscheidender Bedeutung für ihre Nutzbarmachung und Indienststellung entsprechend den Belangen der gesellschaftlichen und wirtschaftlichen Praxis; die gesellschaftliche Wertung beider Richtungen in der Vergangenheit hat überdies den Charakter eines vorausgenommenen Experimentes zur Überprüfung der Richtigkeit der Theorie. Die Klassiker des Marxismus-Leninismus weisen immer wieder auf die dialektischen Beziehungen zwischen Mensch und Natur, auf das dialektische Verhältnis zwischen Natur und Gesellschaft hin.[20] Karl Marx tritt mit

[19] Die Große Sowjet-Enzyklopädie legt den Kampf beider Richtungen im 19. Jahrhundert mit folgenden Worten dar: „Die Entwicklung der Theorie der Geographie wird in dieser Zeit durch den Kampf zweier Richtungen gekennzeichnet, nämlich der spontan-materialistischen und der idealistischen. Der bedeutendste Vertreter der ersten Richtung war A. v. Humboldt (1769—1859), die zweite wurde von C. Ritter (1779—1859) vertreten" (Große Sowjet-Enzyklopädie, Geographie, Reihe Länder der Erde 22, Leipzig 1956, S. 27).

[20] Karl Marx kennzeichnet dieses Verhältnis mit den Worten: „Die Arbeit ist zunächst ein Prozeß zwischen Mensch und Natur, ein Prozeß, worin der Mensch seinen Stoffwechsel mit der Natur durch seine eigne Tat vermittelt, regelt und kontrolliert. Er tritt dem Naturstoff selbst als eine Naturmacht gegenüber. Die seiner Leiblichkeit angehörigen Naturkräfte, Arme und Beine, Kopf und Hand, setzt er in Bewegung, um sich den Naturstoff in einer für sein eignes Leben brauchbaren Form anzueignen. Indem er durch diese Bewegung auf die Natur außer ihm wirkt und sie verändert, verändert er zugleich seine eigne Natur" (Das Kapital, I. Band, Berlin 1947, S. 185); „In der Produktion wirken die Menschen nicht allein auf die Natur, sondern auch aufeinander. Sie produzieren nur, indem sie

der Auffassung von der Produktionsweise der materiellen Güter als der letztlich bestimmenden Triebkraft aller gesellschaftlichen Veränderung und Entwicklung der politisch-ökonomischen Schule der Physiokraten, die — wie ihre wichtigsten Vertreter François Quesnay und Robert Jacques Turgot — die Natur als die alleinige Quelle allen Reichtums und damit auch als den entscheidenden Faktor aller menschlichen Fortentwicklung ansieht, entgegen; er rechnet ebenso mit einer der grausamsten und menschenfeindlichsten Doktrinen, dem von Thomas Robert Malthus begründeten Mythos von der Übervölkerung als Ursache der Armut unter dem Kapitalismus[21], ab. Aber er wendet sich auch gegen die klassische Schule der bürgerlichen politischen Ökonomie, die — wie Adam Smith und David Ricardo — die fehlerhafte These der Physiokraten in ihr Gegenteil verkehrt und die Arbeit als die alleinige Quelle allen Reichtums[22] betrachtet, und

auf eine bestimmte Weise zusammenwirken und ihre Tätigkeiten gegeneinander austauschen. Um zu produzieren, treten sie in bestimmte Beziehungen und Verhältnisse zueinander, und nur innerhalb dieser gesellschaftlichen Beziehungen und Verhältnisse findet ihre Einwirkung auf die Natur, findet die Produktion statt"(Karl Marx und Friedrich Engels, Ausgewählte Schriften in zwei Bänden, Band I, Lohnarbeit und Kapital, Berlin 1959, S. 77). Er erkennt in der Produktionsweise der materiellen Güter die letztlich bestimmende Triebkraft aller gesellschaftlichen Veränderung und Entwicklung: „Die Produktionsweise des materiellen Lebens bedingt den sozialen, politischen und geistigen Lebensprozeß überhaupt" (Zur Kritik der politischen Ökonomie, Berlin 1951, S. 13). Auch Friedrich Engels und W. I. Lenin vertreten in ihren Werken immer wieder dieselbe Grundkonzeption.

21 Marx enthüllt mit den Worten „Sollte der Leser an Malthus erinnern, dessen ‚Essay on Population' 1798 erschien, so erinnere ich, daß diese Schrift in ihrer ersten Form nichts als ein schülerhaft oberflächliches und pfäffisch verdeklamiertes *Plagiat* . . . ist und *nicht einen einzigen selbstgedachten Satz* enthält. Das große Aufsehn, das dies Pamphlet erregte, entsprang lediglich Parteiinteressen . . . das ‚Populationsprinzip' . . . wurde jubelnd begrüßt von der englischen Oligarchie als der große Austilger aller Gelüste nach menschlicher Fortentwicklung" den Eklektizismus, die Unwissenschaftlichkeit und die klassenmäßigen Wurzeln dieser Doktrin (Das Kapital, a. a. O., S. 647f., Anm. 75).

22 Marx zeigt mit den Worten „Die Arbeit ist *nicht die Quelle* alles Reichtums. Die *Natur* ist ebensosehr die Quelle der Gebrauchswerte (und aus solchen besteht doch wohl der sachliche Reichtum!) als die Arbeit, die selbst nur die Äußerung einer Naturkraft ist, der menschlichen Arbeits-

fordert die gebührende Berücksichtigung der Natur als einer der Bedingungen der Produktion der materiellen Güter, der Grundlage des Lebens der Gesellschaft. Friedrich Engels betont ebenfalls das Primat der Produktion der materiellen Güter[23], verweist aber auch stets auf den Einfluß der Natur[23], und W. I. Lenin führt in bezug auf die Ausdehnung des Kolonialbesitzes der imperialistischen Mächte den Nachweis[23], daß hierfür neben den ökonomischen Bedingungen auch die geographischen Bedingungen – aber eben unter dem Primat der ökonomischen Bedingungen, in Abhängigkeit von ihnen – von Bedeutung sind.

Die Gesamtheit der Erscheinungen der Erdhülle in ihren verschiedenen Sphären (Litosphäre, Atmosphäre, Hydrosphäre, Biosphäre) und der ihnen zugrunde liegenden, nach Naturgesetzen verlaufenden Entwicklungsprozesse, soweit sie für den Aufbau und die Entwicklung der Erdhülle in Hinblick auf die geographische Verbreitung ihrer Formen

kraft ... Die Bürger haben sehr gute Gründe, der Arbeit *übernatürliche Schöpfungskraft* anzudichten; denn gerade aus der Naturbedingtheit der Arbeit folgt, daß der Mensch, der kein andres Eigentum besitzt als seine Arbeitskraft, in allen Gesellschafts- und Kulturzuständen der Sklave der andern Menschen sein muß, die sich zu Eigentümern der gegenständlichen Arbeitsbedingungen gemacht haben. Er kann nur mit ihrer Erlaubnis arbeiten, also nur mit ihrer Erlaubnis leben" die Fehlerhaftigkeit dieser Konzeption und deckt ihre gesellschaftliche Zielsetzung auf (Karl Marx und Friedrich Engels, Ausgewählte Schriften ..., a. a. O., Band II, Kritik des Gothaer Programms, S. 11).

[23] Die von Friedrich Engels geprägten Formulierungen „Nach der materalistischen Auffassung ist das in letzter Instanz bestimmende Moment in der Geschichte: die Produktion und Reproduktion des unmittelbaren Lebens" (Karl Marx und Friedrich Engels, Ausgewählte Schriften ..., a.a.O., Der Ursprung der Familie, des Privateigentums und des Staats, S. 160) und „Mit dem Eintritt der Barbarei aber haben wir eine Stufe erreicht, worauf sich die verschiedne Naturbegabung der beiden großen Erdkontinente geltend macht ... Diese verschiednen Naturbedingungen bewirken, daß von nun an die Bevölkerung jeder Halbkugel ihren besonderen Gang geht, und die Marksteine an den Grenzen der einzelnen Stufen in jedem der beiden Fälle verschieden sind" (ebenda, S. 175) sowie der von W. I. Lenin gegebene Hinweis „Auf die Größe des Kolonialbesitzes haben außer den rein ökonomischen Bedingungen und auf ihrer Basis auch die geographischen und sonstigen Verhältnisse Einfluß" (Ausgewählte Werke in zwei Bänden, Band I, Der Imperialismus als höchstes Stadium des Kapitalismus, Moskau 1946, S. 832f.) zeigen dies unmißverständlich.

von Bedeutung sind, bildet den physisch-geographischen Komplex, den Untersuchungsgegenstand der physischen Geographie. Der einzelne Mensch, bestimmte Menschengruppen, ja auch die gesamte Menschheit sind dem physisch-geographischen Komplex in dem Maße zugehörig, wie sie einmal aus der Natur herrührenden und sich naturgesetzlich auswirkenden Einflüssen unterworfen sind — so hinsichtlich der Akklimatisation und des Akklimatisationsvermögens einzelner Gruppen und Individuen oder auch des Einwirkens von Klimakrankheiten und von umweltmäßig bedingten Ernährungskrankheiten[24] — oder wie sie zum anderen selbst mit ihrer Arbeit auf die Natur einen sich naturgesetzlich auswirkenden Einfluß nehmen — die menschliche Arbeit wirkt auf die Natur und verändert diese, indem sie bestehende Naturbedingungen ändert und in Wechselwirkung damit bestimmte Naturprozesse auslöst, beschleunigt, modifiziert, verlangsamt oder aufhält, d. h. als Naturkraft auftritt und Naturgesetze zum Fungieren bringt.[25]

Die Gesamtheit der Gegebenheiten in wirtschaftlichen Territorialeinheiten (Ländern, Wirtschaftsgebieten, ökonomischen Rayons) und der sie letztlich bestimmenden, nach den ökonomischen Entwicklungsgesetzen der Gesellschaft verlaufenden Prozesse[26], soweit sie für die

[24] Der Wirkungsgrad der aus der Natur herrührenden und sich naturgesetzlich auswirkenden Einflüsse auf die Menschen ist jedoch letztlich von dem Entwicklungsstand der jeweiligen Gesellschaft, von den dieser zur Verfügung stehenden Produktivkräften und in Wechselwirkung mit ihnen auch von den enstprechenden Produktionsverhältnissen abhängig.

[25] Der Wirkungsgrad der menschlichen Arbeit auf die Natur wird ebenfalls letztlich von dem Entwicklungsstand der jeweiligen Gesellschaft, von ihren Produktivkräften und Produktionsverhältnissen, bestimmt, da sich die auf menschliche Arbeit beruhende Veränderung der Natur im wesentlichen über den gesellschaftlichen Produktionsprozeß der materiellen Güter vollzieht. Die einzelnen von der Natur dargebotenen Bedingungen können erst dann in den Produktionsprozeß einbezogen werden, wenn die zur Verfügung stehenden Produktivkräfte ihre Nutzung ermöglichen; sie werden schließlich endgültig in den Produktionsprozeß einbezogen, wenn die den entsprechenden Produktionsverhältnissen entspringenden Bedürfnisse ihre Nutzung erfordern.

[26] Für Karl Marx war der letzte Endzweck seines Werkes, „*das ökonomische Bewegungsgesetz der modernen Gesellschaft zu enthüllen*" (Das Kapital, a. a. O., S. 7f.); vgl. auch die Formulierung „Die ökonomischen Entwicklungsgesetze der Gesellschaft sind objektive Gesetze" (Politische Ökonomie, Lehrbuch, Berlin 1960, S. 14).

Struktur und die Entwicklung der Produktion der materiellen Güter (der Grundlage des Lebens der Gesellschaft) in Hinblick auf die geographische Verteilung eben dieser Produktion (bzw. auch auf die Herausbildung sonstiger mit jener im Zusammenhang stehender Raumgefüge gesellschaftlicher Art[27]) von Bedeutung sind, bilden den ökonomisch-geographischen Komplex, den Untersuchungsgegenstand der *politischen und ökonomischen Geographie.* Die Naturbedingungen als die natürlichen Grundlagen[28] der Produktion der materiellen Güter werden dem ökonomisch-geographischen Komplex in dem Maße angehörig, wie sie in den gesellschaftlichen Produktionsprozeß einbezogen werden

[27] Derartige Raumgefüge werden beispielsweise von der politischen Karte der Erde oder von Karten der Sozial- und Klassenstrukturen und der mit ihnen in Wechselwirkung stehenden Strukturen der Eigentumsverhältnisse widergespiegelt; mit ihnen beschäftigt sich speziell die politische Geographie als ein Teilkomplex der politischen und ökonomischen Geographie.

[28] Die Menschen entnehmen alle für ihre Produktion notwendigen Stoffe — mindestens substanzmäßig — der Natur, mögen sie auch immer neue Stoffe verwenden und ihre Substanz noch so vielfältig physikalisch, chemisch und biologisch verändern und wandeln. Die natürliche Ausstattung eines Wirtschaftsterritoriums ist demzufolge nicht gleichgültig für die Struktur und die Entwicklung seiner Produktion und ihrer geographischen Verteilung. Der Einfluß der natürlichen Ausstattung auf die einzelnen Produktionszweige ist überaus differenziert. Mineralische Lagerstätten können nur dort abgebaut werden, wo sie im Untergrund entsprechend dem Entwicklungsstand der Produktivkräfte zugänglich sind. Der Pflanzenbau ist von klimatischen und pedologischen Bedingungen abhängig; die Menschen sind jedoch imstande, durch Akklimatisation und Züchtung neuer Pflanzensorten und durch Klima- und Bodenverbesserungen auf die Ausweitung und zonale Verbreiterung dieses Landwirtschaftszweiges einzuwirken. Aber auch bei den Produktionszweigen, die nicht mehr der mineralischen oder landwirtschaftlichen Urproduktion angehören, die also bereits geförderte Mineralien oder schon gewonnene pflanzliche und tierische Rohprodukte verwenden (Metallurgie, Maschinenbau, Textilindustrie, Verkehr), sind in Hinsicht auf ihre Struktur, Entwicklung und geographische Verteilung einzelne Naturbedingungen von größer Bedeutung — so der Wasserhaushalt der Natur, von dem die Versorgungsmöglichkeit der großen Industriezentren mit Industrie- und Nutzwasser weitgehend abhängig ist, oder die geographische Lage, die Oberflächengestalt, die Küstenverhältnisse und die großen Flußsysteme, die die Hauptleitlinien des Verkehrs vorzeichnen und damit auf die Gestaltung des Güter- und Personenverkehrs Einfluß nehmen.

können bzw. auch wirklich einbezogen werden. Eine solche Einbeziehung[29] erfolgt, indem die einzelnen von der Natur dargebotenen Bedingungen direkt in den Arbeitsprozeß eingehen, sich in ihm seinen einfachen Momenten als Arbeitsgegenstände[30] und Arbeitsmittel[31] zuordnen und eben als solche unmittelbar ökonomisch in Funktion treten, oder indem sie nur indirekt dem Arbeitsprozeß als gegenständliche Bedingungen[32] zugrunde liegen, die Leistungsfähigkeit der Arbeitskraft,

[29] Diese ist von dem Entwicklungsstand der jeweiligen Gesellschaft, von ihren Produktivkräften und Produktionsverhältnissen, abhängig; vgl. auch S. 17, Anm. 24 und 25.

[30] Von Natur vorgefundene Arbeitsgegenstände sind:
a) mineralische Lagerstätten: Brenn- und Energiestoffe, Metalle und Erze, Salze, sonstige Mineralien;
b) wildwachsende Pflanzen und Wildtiere.

[31] Von Natur vorgefundene Arbeitsmittel — sie setzen häufig für ihre Nutzung einen schon relativ hohen Entwicklungsstand der Arbeitskraft und andere Arbeitsmittel voraus — sind vor allem:
a) Beschwerungs-, Drück-, Mahl-, Reib-, Schleif- und Gerbmittel, Katalysatoren und Reagenzien für chemische Prozesse;
b) Böden und Vegetationsformationen mit ihren physikalischen, chemischen und organischen Prozessen;
c) Sonneneinstrahlung und Licht, atmosphärische Wärme, Feuchtigkeit und Niederschläge, Luftdruck und Winde;
d) stehende und fließende Gewässer: Ansammler mineralischer Bodenschätze (marine und limnische Sedimentationen, Flußseifen), Antriebskraft und Stromerzeuger, Reservoir für Industrie- und Irrigationswasser, Behälter der Fische, Träger des Verkehrs;
e) Kluft- und Grundwasser: Ansammler mineralischer Bodenschätze (Erdöllagerstätten in Antiklinalen), Ernährer der Pflanzen.

[32] Von Natur vorgefundene gegenständliche Bedingungen gehen nicht direkt in den Arbeitsprozeß ein, sind aber dennoch für seinen Ablauf erforderlich; es sind im wesentlichen:
a) die geographische Lage, absolute und relative Höhenlage, Lage zum Meer als dem großen Transportträger;
b) die geologische und tektonische Struktur der Erdkruste (Erdgas- und Erdöllagerstätten in Antiklinalen, aus denen Erdöl beim Anbohren der Schenkel selbsttätig gefördert wird);
c) die orographische Gestaltung der Erdoberfläche (Hangneigungen, durch die Erdöl in Pipelines selbsttätig transportiert wird, oder Vegetationsbedingungen — Weinbau, Kaffeepflanzungen — verbessert werden);
d) klimatische, hydrographische und biogeographische Bedingungen in ihrer wechselseitigen Bedingtheit und dynamischen Priorität.

die Gewinnung, Bearbeitung, Verarbeitung und den Transport der Arbeitsgegenstände sowie die Wirkungsfähigkeit der Arbeitsmittel beeinflussen und so mittelbar eine ökonomische Wirkung ausüben, oder indem sie schließlich auch bei Unterbrechung des Arbeitsprozesses weiterhin als Produktionsmittel[33] dienen und so ökonomisch wirksam bleiben. Der Grad des relativen Einflusses der von der Natur dargebotenen Bedingungen, die Gunst oder Ungunst der natürlichen Umwelt, ist abhängig von der Art und Weise, in der sie ökonomisch in Funktion treten, ob sie direkt in den Arbeitsprozeß als Arbeitsgegenstände und Arbeitsmittel eingehen und in beiden Fällen unmittelbar ökonomisch in Funktion treten, ob sie nur indirekt dem Arbeitsprozeß als gegenständliche Bedingungen zugrunde liegen und so mittelbar eine ökonomische Wirkung ausüben oder ob sie bei Unterbrechung des Arbeitsprozesses weitherhin als Produktionsmittel dienen und so für relativ wenige Industrie- und Landwirtschaftszweige — chemische Industrie, Textil- und Nahrungsmittelindustrie, Ackerbau — zeitweilig ökonomisch bedeutsam sind.

Der physisch-geographische Komplex, dessen Entwicklungsprozesse nach objektiven Naturgesetzen verlaufen, und der ökonomisch-geographische Komplex, dessen Prozesse von den ebenfalls objektiven ökonomischen Entwicklungsgesetzen der Gesellschaft bestimmt werden, liegen folglich auf verschiedenen Ebenen; aber beide dynamischen Systeme berühren, durchdringen und verzahnen sich im Bereich des Arbeitsprozesses und tauschen hier miteinander Impulse aus, die mit ihrer gegenseitigen Aufnahme einem grundsätzlichen Wandel in der Art und Weise ihres weiteren Fungierens unterworfen sind. Die im physisch-geographischen Komplex und die im ökonomisch-geographischen Kom-

[33] Karl Marx gibt mit seinen Ausführungen „Aber der Produktionsprozeß selbst kann Unterbrechungen des Arbeitsprozesses und daher der Arbeitszeit bedingen, Zwischenräume, worin der Arbeitsgegenstand der Einwirkung physischer Prozesse ohne weitre Zutat menschlicher Arbeit anheimgegeben wird. Der Produktionsprozeß, daher die Funktion der Produktionsmittel, dauert fort in diesem Fall, obgleich der Arbeitsprozeß, und daher die Funktion der Produktionsmittel als Arbeitsmittel, unterbrochen ist. So z. B. das Korn, das gesät ist, der Wein, der im Keller gärt, Arbeitsmaterial vieler Manufakturen, wie z. B. Gerbereien, das chemische Prozessen anheimfällt" einen wichtigen Hinweis auf eine Problematik, die auch für die politische und ökonomische Geographie von Wichtigkeit ist (Das Kapital, a. a. O., II. Band, Berlin 1948, S. 116f.).

plex waltenden unterschiedlichen Gesetze stellen inkommensurable Größen dar, es ist unwissenschaftlich, die Entwicklung der Gesellschaft aus Naturgesetzen erklären zu wollen. Derartige Konzeptionen bieten die Möglichkeit, gesellschaftliche Gegebenheiten aus natürlichen Ursachen abzuleiten und so die Fehlerhaftigkeit des Imperialismus und Kolonialismus der Natur — fehlenden Bodenschätzen, unfruchtbaren Böden, ungünstigen Klimaten — aufzubürden. Die physische Geographie, die den physisch-geographischen Komplex untersucht, ist eine Naturwissenschaft, die *politische und ökonomische Geographie*, die den ökonomisch-geographischen Komplex untersucht, im Gegensatz dazu eine Gesellschaftswissenschaft. Die irgendwo zwischen diesen beiden geographischen Disziplinen ihren Standort aufweisen wollende einheitliche geographische Wissenschaft, eine *Einheitsgeographie* und eine in ihrem Sinne betriebene *Einheitsländerkunde*, kann es folglich gar nicht geben. Die eindeutige Abgrenzung[34] beider geographischer Disziplinen voneinander ist sowohl in wissenschaftstheoretischer Hinsicht als auch in bezug auf ihre gesellschafts- und wirtschaftspraktische Wirkungsmöglichkeit eine unumgängliche Notwendigkeit, ist jedoch nicht mit einem „Zerreißen“ der Geographie gleichzusetzen. Die engen Beziehungen zwischen beiden geographischen Disziplinen, die sich aus dem beiden immanenten geographischen Aspekt[35] und aus den vor

[34] Der sowjetische Geograph W. A. Anutschin bezeichnet die Vertreter eines Systems geographischer Wissenschaften als „Anhänger der ‚zerrissenen‘ Geographie“ (Zur Kritik der Einheit der Geographie, Moskau 1961, S. 7) und beschuldigt sie des „Indeterminismus“ (Vom Charakter des geographischen Milieus und dem Zutagetreten des Indeterminismus in der sowjetischen Geographie, in: Fragen der Geographie, Wissenschaftliche Sammlung der Moskauer Sektion der Geographischen Gesellschaft der UdSSR, Moskau 1957, 41. Sammlung, S. 47ff.), wobei er unzulässigerweise Determinismus — d. h. Lehre von der objektiven Gesetzmäßigkeit und kausalen Bedingtheit aller Erscheinungen der Natur und der Gesellschaft — und geographischen Determinismus gleichsetzt.

[35] Der gemeinsame geographische Aspekt liegt darin, daß beide geographischen Disziplinen — wenn auch mit anderen Zielsetzungen — nicht an der Komplexität der Erdräume bzw. der wirtschaftlichen Territorialeinheiten vorbeigehen und von ihr abstrahieren können. Die physische Geographie untersucht den physisch-geographischen Komplex eines Erdraumes in seiner ganzen Totalität, um sich unter sozialistischen Bedingungen letztlich der erkannten Gesetze für die bessere Nutzung der Natur durch ihre sinnvolle Umgestaltung zu bedienen; die politische und ökonomische Geo-

ihnen stehenden Aufgaben ergeben, bedingen ihre unerläßliche arbeitsmäßig-organisatorische Verbindung. Die eine braucht die andere, benötigt deren Untersuchungsergebnisse für ihre eigene Forschungsarbeit, sie ergänzen sich und arbeiten gemeinsam an der Lösung bestimmter Aufgaben wie der Vermittlung komplexer wissenschaftlicher Kenntnisse von der Natur, Bevölkerung und Wirtschaft verschiedener Länder durch komplexe geographische Arbeiten in Form von regionalen (länderkundlichen) — aber eben nicht *einheitsländerkundlichen* — Charakteristiken oder bei der Umgestaltung der Natur in Einheit mit der Neugestaltung des Standortgefüges.

Die *politische und ökonomische Geographie* entnimmt die für ihre Untersuchungen benötigten Daten und Materialien den verschiedensten Bereichen, besonders denjenigen der Natur, der Bevölkerung und der Produktion der materiellen Güter. Sie erfaßt und wertet die vielfältigen Naturbedingungen (Brenn-, Energie- und Rohstoffquellen, Bodenfruchtbarkeit, Wasserhaushalt und Wasservorräte, natürliche Kommunikationen, sonstige fördernde oder hemmende Naturerscheinungen) in ihrer wechselseitigen Bedingtheit und dynamischen Priorität; sie betrachtet die Bevölkerung unter den verschiedensten Gesichtspunkten (nach Alters- und Geschlechtsaufbau, Berufs- und Klassenstruktur, Arbeitskräftereserven, nach Dichte und geographischer Verteilung

graphie untersucht den ökonomisch-geographischen Komplex eines Wirtschaftsterritoriums unter allseitiger Berücksichtigung seiner sämtlichen Gegebenheiten, um sich gleichermaßen der erkannten Gesetze für die weitere Entwicklung der Produktion der materiellen Güter durch die zweckmäßige Neugestaltung ihrer geographischen Verteilung (ihres Standortgefüges) zu bedienen. Die Erforschung der räumlichen Verteilung der Produktion darf nicht von der Erforschung ihres Wesens und ihrer Entwicklung getrennt werden, und ihre nur lagemäßige Fixierung kann darum niemals zum Gegenstand einer selbständigen Wissenschaft erhoben werden. Derartige Auffassungen, die beide Teile der aus der sowjetischen Geographie stammenden Definition „Räumliche Verteilung der Produktion sowie die Bedingungen und Besonderheiten ihrer Entwicklung in den verschiedenen Ländern und Gebieten" (Große Sowjet-Enzyklopädie, Geographie, a. a. O., S. 5) nicht in ihrem dialektischen Zusammenhang sehen, sie aus ihren wechselseitigen Beziehungen lösen und sich nur der abgekürzten Definition „Räumliche Verteilung der Produktion" bedienen, müssen zwangsläufig in eine chorologische Konzeption Hettnerscher Prägung einmünden und machen die Aufdeckung objektiver Gesetze unmöglich; vgl. auch S. 9, Anm. 12.

unter besonderer Berücksichtigung von Bevölkerungsagglomerationen, Binnen- und Außenwanderungen, Arbeitskräfteeinzugsgebieten und Pendlerbewegungen) und bezieht überdies noch viele andere Momente der Bevölkerung in den Gesichtskreis ihrer Erwägungen ein, darunter auch solche, die scheinbar außerhalb der Produktion liegen und dennoch Einfluß auf sie nehmen (so nötigenfalls die ethnische Zusammensetzung, die Nationalität, ja die Religion). Sie unterrichtet sich über die Produktion der materiellen Güter insgesamt (über ihre Kapazitäten und Kapazitätsreserven, über ihre mengen- und wertmäßigen Ergebnisse, über vorhandene technische Apparaturen und angewandte technologische Verfahren, über Eigentums- und Besitzverhältnisse), aber auch über die einzelnen Produktionszweige (einschließlich Verkehr, Innen- und Außenhandel) und ihre Beziehungen untereinander sowie letztlich über die Lokalisation der einzelnen Produktionsstätten – die Standorte! –, ihre Verbindungen untereinander, zu den Wohnstätten der Bevölkerung (Siedlungen), den Nachfolgeeinrichtungen, die ihrer Versorgung dienen (konsumtive Versorgungs-, soziale und kulturelle Betreuungseinrichtungen) und den administrativ-politischen Zentren – das Standortgefüge! Sie muß schließlich dabei auch stets die historischen Besonderheiten der Entwicklung berücksichtigen. Die *politische und ökonomische Geographie* ist folglich eine komplexe Wissenschaft, die solche Fakten selbstverständlich nicht willkürlich anarchisch den verschiedensten Bereichen entnimmt, sondern sie unter dem Gesichtspunkt ihrer Bedeutung für die Struktur und Entwicklung der Produktion der materiellen Güter in Hinblick auf die geographische Verteilung eben dieser Produktion[36] in einem bestimmten Wirtschaftsterritorium auswählt. Die geographische Verteilung der Produktion in einem bestimmten Wirtschaftsterritorium unter allseitiger Einwirkung seiner sämtlichen Gegebenheiten natürlicher und gesellschaftlicher Art kommt qualitativ-räumlich in einem entsprechenden Standortgefüge[37] zum

[36] bzw. auch auf die Herausbildung sonstiger mit jener im Zusammenhang stehender Raumgefüge gesellschaftlicher Art; vgl. auch S. 18, Anm. 27.

[37] Analog der aus der sowjetischen Geographie stammenden Definition „Räumliche Verteilung der Produktion sowie die Bedingungen und Besonderheiten ihrer Entwicklung in den verschiedenen Ländern und Gebieten“ kann auch die Definition „Standortgefüge der Produktion sowie die Bedingungen und Besonderheiten seiner Entwicklung in den verschiedenen Wirtschaftsterritorien“ Verwendung finden; vgl. auch S. 22 Anm. 35;

Ausdruck. Ein solches Standortgefüge ist seinem Inhalt nach keine einfache Produktionsgruppierung, sondern es stellt eine potentiell höhere Einheit dar; es zeichnet sich durch einen ihm eigenen spezifischen Charakter in der Kombination seiner Produktionszweige und -stätten, durch spezifische Wechselwirkungen zwischen seinem Produktionsprozeß, seinem Naturmilieu und seiner Bevölkerung sowie durch spezifische Beziehungen zu anderen Standortgefügen aus.

Die Hauptzweige der *politischen und ökonomischen Geographie* sind die *allgemeine* und die *regionale* politische und ökonomische Geographie. Erstere verfolgt die Erscheinungen des ökonomisch-geographischen Komplexes über die ganze Erde, über deren Großräume (Kontinente, Meere) oder über eine größere Ländergruppe, letztere solche innerhalb begrenzter Wirtschaftsterritorien. Die völlig andere Größenordnung der jeweils betrachteten Territorialeinheiten ist nicht nur quantitativ bedeutsam, sondern wirkt sich auch qualitativ aus, weil auf der ganzen Erde bzw. in deren Großräumen verschiedene Produktionsweisen der materiellen Güter nebeneinander bestehen, während in einem bestimmten Land oder in einem bestimmten Wirtschaftsgebiet eine Produktionsweise vorherrscht, auch wenn hier noch Rudimente vorausgegangener Produktionsweisen und entsprechende sozial-ökonomische Formationen vorhanden sind. Infolgedessen müssen zwangsläufig die von der *allgemeinen* politischen und ökonomischen Geographie angewandten Verfahrensweisen zur Erfassung, Sichtung, Systematisierung, Gliederung, Vergleichung und Wertung der gesammelten Fakten zum Teil andere als die von der *regionalen* politischen und ökonomischen Geographie angewandten sein. Die *allgemeine* politische und ökonomische Geographie beschäftigt sich in ihrer erdumspannenden Zielsetzung vornehmlich mit den Elementen und Komponenten des ökonomisch-geographischen Komplexes — dem Naturmilieu in seinen ökonomischen Potenzen, der Bevölkerung, den verschiedenen Produktionszweigen und Wirtschaftsgütern (besonders den Rohstoffen) —, ihre wichtigsten Teildisziplinen sind demzufolge neben der allgemeinen Theorie die Industrie-, Agrar-, Verkehrs- und Handels- sowie die Rohstoffgeographie;

und Heinz Sanke, Über Inhalt, Stellung und Gliederung der politischen und ökonomischen Geographie, in: „Geographische Berichte, Mitteilungen der Geographischen Gesellschaft in der Deutschen Demokratischen Republik", Berlin 1957, H. 3, S. 168.

sie haben die Aufgabe, die Struktur und Entwicklung der Produktion der verschiedenen Zweige und Güter im Hinblick auf die Lokalisation ihrer speziellen Einzelstandorte und die – örtlich überaus unterschiedliche – Einordnung dieser Einzelstandorte in die jeweiligen – regional ebenfalls unterschiedlichen – Gesamtstandortgefüge im Erdmaßstab bzw. großräumigen Maßstab aufzudecken. Die *regionale* politische und ökonomische Geographie beschäftigt sich in ihrer territorial begrenzten Zielsetzung dagegen mit der Gesamtheit der Erscheinungen des ökonomisch-geographischen Komplexes; sie hat die Aufgabe, die Struktur und Entwicklung der Produktion aller Zweige und Güter als Totalität[38] in Hinblick auf das ihr entsprechende Gesamtstandortgefüge in einem bestimmten Wirtschaftsterritorium darzulegen. Sie bedient sich dazu hauptsächlich zweier, sich ergänzender Verfahrensweisen, der Zweigrichtung[39] und der Regionalrichtung[39]; erstere geht von den verschiedenen Produktionszweigen, -unterzweigen und ihren speziellen Standorten aus, letztere faßt deren Ergebnisse zusammen, und erst die Kombination beider Richtungen macht die Darstellung des jeweiligen Gesamtstandortgefüges möglich.

Die von der *politischen und ökonomischen Geographie* betriebene Grundlagenforschung ist immer stärker bemüht, sowohl den Bedürfnissen der gesellschaftlichen Praxis im allgemeinen als auch den Bedürfnissen der wirtschaftlichen Praxis im besonderen nachzukommen, indem sie Erhebungen anstellt und Erkenntnisse sammelt, die einer-

[38] Karl Marx betont die Notwendigkeit, nicht nur die besonderen Produktionszweige, sondern auch die Totalität der Produktion zu erfassen: „Die Produktion ist immer ein besondrer Produktionszweig – z. B. Agrikultur, Viehzucht, Manufaktur etc. oder sie ist Totalität“ (Zur Kritik der politischen Ökonomie, a. a. O., S. 238f.).

[39] Der sowjetische Geograph M. M. Shirmunski bezeichnet die Zweigrichtung als „die einzelnen speziellen Wissenschaften der ökonomischen Geographie“ oder „die speziellen Zweige der ökonomischen Geographie“ und die Regionalrichtung als „die allgemeine ökonomische Geographie“ (Zum Gegenstand der ökonomischen Geographie als Wissenschaft, in: „Zeitschrift für den Erdkundeunterricht, Berlin 1953, H. 2, S. 46); die oben vertretene Auffassung und diejenige Shirmunskis decken sich inhaltlich weitgehend, dagegen nicht terminologisch; beide Systematisierungen sind in sich logisch aufgebaut, gehen aber nach verschiedenen – traditionsbedingten – Gesichtspunkten vor.

seits dem Sektor der Volksbildung, der Durchsetzung sozialistischer Bildungs- und Erziehungsziele, zugute kommen und die andererseits für den Sektor der Wirtschaft, für die perspektivische und operative Regionalplanung sowie gegebenenfalls für die ökonomische Rayonierung, nutzbar gemacht werden können.[40] Die gegenwärtig vor der ökonomisch-geographischen Grundlagenforschung im Dienst der Volksbildung stehenden zwei Hauptaufgaben und die gemeinsam vor der physisch- und ökonomisch-geographischen Grundlagenforschung stehende dritte Hauptaufgabe sind:

1. die Vermittlung wissenschaftlicher Kenntnisse über die gesetzmäßige Entwicklung der Wirtschaft in Hinblick auf ihre geographische Verteilung im eigenen Land und in den anderen Ländern der Erde,
2. die Auseinandersetzung mit der geographischen Apologetik des Imperialismus, der Geopolitik und der Einheitsländerkunde,
3. die Vermittlung komplexer wissenschaftlicher Kenntnisse von der Natur, Bevölkerung und Wirtschaft verschiedener Länder.[41]

Die unter 1. und 3. genannten Aufgaben erhalten ein um so größeres Gewicht, wie die internationalen Beziehungen der Deutschen Demokratischen Republik in raschem Anwachsen begriffen sind. Standen in der Vergangenheit vor allem das eigene Land und die sozialistischen Länder im Vordergrund der Betrachtung, so gebührt nunmehr mit dem Aufschwung der nationalen Befreiungsbewegung auf der ganzen Erde den jungen Nationalstaaten ebenfalls eine größere Aufmerksamkeit. Die Beschäftigung mit den vielfältigen geographischen Apologien des Imperialismus, besonders mit den verschiedenen geopolitischen Doktrinen, und ihre Zerschlagung sind gegenwärtig deshalb so wichtig, weil die Imperialisten und Neokolonialisten Westdeutschlands solche Pseudolehren — wie schon einmal — dazu benutzen, sich breiteste Kreise der eigenen Bevölkerung für ihre expansiven Gelüste und Ziele willfährig zu machen und überdies noch die Menschen der Deutschen Demo-

[40] Entsprechend den Hauptaufgaben der geographischen Institute, Lehrstühle und Dozenturen an den Universitäten und Hochschulen der DDR in Hinsicht auf die Ausbildung von Geographielehrern und Diplomgeographen oder auf die Vermittlung ökonomisch-geographischer Kenntnisse an Studierende anderer Fachrichtungen (Wirtschaftswissenschaftler) hat sich zwischen ihnen eine gewisse Arbeitsteilung auch in bezug auf die Forschung herausgebildet.

[41] Vgl. auch S. 22.

kratischen Republik zu desorientieren. Nach der Zerschlagung des deutschen Faschismus im Jahre 1945 war für die wissenschaftliche Geographie Westdeutschlands eine scheinbare Lossage von der Geopolitik, ja ihre Verdammung als Irrlehre zu registrieren. Allerdings ist diese Verurteilung nur als eine unverbindliche Erklärung zu werten, war sie doch von der Tendenz getragen, wissenschaftliche Geographie und Geopolitik hätten niemals etwas gemein gehabt. So wurde keine echte Selbstkritik vorgenommen und kein wirklicher Kampf gegen die Geopolitik geführt. Ein von Peter Schöller[42] in der führenden geographischen Zeitschrift Westdeutschlands, der in Bonn erscheinenden „Erdkunde“, veröffentlichter Artikel muß als symptomatisches Beispiel dieser Entwicklung angesehen werden. Der Verfasser verurteilt in seinem Artikel erst einmal die „Geopolitik“, bagatellisiert aber sofort ihre Gefährlichkeit in der Gegenwart, indem er sie als völlig bedeutungslos hinstellt, gibt — nach heftigen Ausfällen gegen die sowjetische ökonomische

[42] Schöller spricht mit den Worten „Daß die wiederholte von C. Troll geplante grundsätzliche Stellungnahme gegen das Wiedererscheinen der Zeitschrift für Geopolitik ausgeblieben ist, hatte seinen Grund darin, daß die Linie des ersten Bandes zunächst unklar blieb und Ausgangsmaterial für eine substantielle Entgegnung abgewartet werden sollte. In den folgenden Jahren zeigte es sich dann, daß diese ‚Geopolitik‘ eine bedeutungslose Nachblüte war und von selbst verdorrte“ der gegenwärtigen Geopolitik jegliche Bedeutung ab (Wege und Irrwege der politischen Geographie und Geopolitik, in: „Erdkunde, Archiv für wissenschaftliche Geographie“, Bonn 1957, Band XI, H. 1, S. 4), sieht sich aber anscheinend doch veranlaßt, sich durch den Vermerk „Durch die Tagespresse ist in der Öffentlichkeit jedoch entschiedener Protest angemeldet worden“ zu enstchuldigen (ebenda, Anm. 13); er stellt sich selbst an die Seite Otto Maulls und dessen Auffassung von der (bürgerlichen) politischen Geographie, für ihn ist „O. Maulls großes Handbuch vom Jahre 1925 der letzte umfassende und systematische Versuch geblieben, durch die Einbeziehung des Menschen als Träger des Staatsgedankens und durch die Berücksichtigung der Kulturlandschaft neben dem naturgeographischen Fundament eine über Ratzel hinausweisende Politische Geographie zu schaffen“ (ebenda, S. 3), und er fordert ihre Einmündung in die Einheitsländerkunde: „Ziel der regionalen Politischen Geographie wird es schließlich sein, die politisch organisierten Räume genetisch, strukturell und funktional zu erforschen, in der Vereinigung ihrer charakteristischen politisch-geographischen Merkmale als Ganzheiten zu erfassen und für die Länderkunde fruchtbar zu machen“ (ebenda, S. 20).

Geographie und grundsätzlicher Mißbilligung ihres Angriffes auf alle Geopolitik – die (bürgerliche) politische Geographie als ernsthafte Wissenschaft aus und stellt den profilierten Geopolitiker Otto Maull[43] und dessen Auffassung von der (bürgerlichen) politischen Geographie – er war zudem einer der verantwortlichen Herausgeber der berüchtigten „Zeitschrift für Geopolitik"[43] – als anzustrebendes und nachzueiferndes Vorbild heraus. Die wissenschaftliche Geographie Westdeutschlands hat damit der Geopolitik, mag sie diese jetzt auch politische Geographie heißen, gewissermaßen die Absolution erteilt, denn zwischen der (bürgerlichen) politischen Geographie und der Geopolitik gab es niemals eine klare Trennung, beide stimmten stets weitgehend überein.

Die gegenwärtig von der ökonomisch-geographischen Grundlagenforschung im Dienst der Wirtschaft betriebenen Erhebungen und Untersuchungen gehen auf sehr verschiedenen, sich aber stufenförmig aufbauenden Ebenen vor sich, wobei die Erhebungen und Untersuchungen im Bereich der jeweils niederen Ebene Voraussetzung für diejenigen im Bereich der folgenden höheren sind. Es handelt sich entsprechend dem gegenwärtigen Entwicklungsstand im wesentlichen um

1. die Bestandsaufnahme,
2. die vergleichende dynamische Wertung der einzelnen Faktoren[44],
3. die Rayonanalyse,
4. die Interrayonanalyse.

Die *Bestandsaufnahme* dient der ersten allgemeinen ökonomischen Einschätzung der einzelnen Faktoren des jeweiligen ökonomisch-geographischen Komplexes. Ihre Grundproblematik ergibt sich aus der Notwendigkeit, zu Klassifizierungen dieser einzelnen Faktoren, besonders der in sich selbst so unterschiedlichen und darum so schwer zu wägenden einzelnen Naturbedingungen, zu gelangen, die ihren Ver-

[43] Maull konnte seine „Politische Geographie" durch einen Westberliner Verlag im Jahre 1956 wieder besorgen lassen. Seine Auffassung hat sich gegenüber früher nicht wesentlich gewandelt, so daß dieses Buch nach wie vor mit dem gesamten Rüstzeug der Geopolitik belastet ist und sich der für sie typischen Konstruktionen bedient. Auch die „Zeitschrift für Geopolitik" ist in einem Heidelberger Verlag im Jahre 1951 neu erschienen.

[44] d. h. Faktoren der Bereiche der Natur, der Bevölkerung und der Produktion der materiellen Güter, soweit sie dem ökonomisch-geographischen Komplex zugehörig sind; vgl. auch S. 22f.

gleich in Zeit und Raum überhaupt erst ermöglichen. Die ökonomisch-geographische Forschung bedient sich dazu zweckmäßigerweise der von den Geowissenschaften unter den vielfältigsten Gesichtspunkten vorgenommenen Einteilungen der einzelnen Naturbedingungen, muß aber diese Einteilungen unter Berücksichtigung eben ihrer spezifischen Zielsetzung miteinander kombinieren und in Sonderung des Wesentlichen vom Unwesentlichen generalisieren. Die bisherigen Erfahrungen haben gezeigt, daß sich die auf der Grundlage genetischer Einteilungen beruhenden Klassifikationskombinationen[45] für die allgemeine ökonomische Einschätzung der einzelnen Naturbedingungen besonders zum Zweck des Vergleichs eignen können, sofern die ihnen immanente Generalisation[46] nicht die zulässige Grenze überschreitet.

Die *vergleichende dynamische Wertung* der einzelnen Faktoren stellt das notwendige Bindeglied zwischen der Bestandsaufnahme und der eigentlichen Rayonanalyse dar, zumal wenn wesentliche Veränderungen in der Produktion der materiellen Güter und in ihrer geographischen Verteilung vor sich gegangen sind oder vor sich gehen sollen, da sämtliche Faktoren des jeweiligen ökonomisch-geographischen Komplexes infolge ihrer wechselseitigen Bedingtheit und dynamischen Priorität sowohl innerhalb seiner einzelnen Bereiche als auch zwischen diesen im Zusammenhang stehen. Derartige Veränderungen bewirken, daß be-

45 Die Erfassung der Erzlagerstätten erfolgt in diesem Fall am zweckmäßigsten nach einer vereinfachten genetischen Klassifizierung (magmatogene, Verwitterungs-, sedimentäre, metamorph umgebildete oder durch Metamorphose gebildete Lagerstätten), die aber auch sonstige wichtige lagerstättenbildende Prozesse berücksichtigt (metasomatische, Imprägnations-, Ganglagerstätten), weiterhin auch wichtige Einzeldaten vermittelt (Erzarten, Mächtigkeit, Lagerung, Festigkeit der Nebengesteine, Gas- und Wasserführung der Schichten). Die Erfassung der Böden erfolgt in diesem Fall am übersichtlichsten nach ihrer genetischen Einteilung in Bodentypen, bedarf aber im Einzelfall häufig noch der Ergänzung nach ihrer physikalisch-chemischen Einteilung (Korngröße) in Bodenarten, ihrer pflanzenphysiologischen Einteilung oder ihrer Einteilung auf Grund des Muttergesteins.

46 Die Erfassung der klimatischen Bedingungen etwa in Form von auf Meeresspiegelniveau reduzierten Jahresisothermen oder der jährlichen Niederschlagsmengen ist für ihre allgemeine ökonomische Einschätzung nur von geringem Nutzen, da die tatsächlichen Temperaturen und Niederschläge, ihr jahreszeitlicher und täglicher Wechsel, ihre Maxima und Minima während der Vegetationsperiode der Pflanzen für die Landwirtschaft viel bedeutungsvoller sind.

stimmte Faktoren[47] weniger wichtig werden, andere um so größere Bedeutung erlangen. Die ökonomisch-geographische Forschung ist auf dieser Ebene weitgehend auf individuelle und ganz spezifisch ausgerichtete Untersuchungen angewiesen. Die dabei gemachten Erfahrungen deuten immer wieder darauf hin, daß die Art und Weise, in der die einzelnen Faktoren und Faktorengruppen ökonomisch in Funktion treten[48], das bisher alleinige allgemeingültige Kriterium für ihre vergleichende dynamische Wertung darstellt; sie reichen dagegen nicht dazu aus, ähnlich wie bei der Bestandsaufnahme speziellere Klassifikationsschemata zu entwickeln, die Wege zu direkteren und damit zu exakteren Vergleichs- und Wertungsmöglichkeiten erschließen.

Die *Rayonanalyse* geht davon aus, daß das ökonomische Grundgesetz des Sozialismus und die unter ihm wirkenden Gesetze der planmäßigen, proportionalen Entwicklung der Volkswirtschaft und des stetigen Wachstums der Arbeitsproduktivität in den Gesetzen[49] der geographischen Verteilung der Produktion ihren räumlichen Niederschlag finden und daß diese Gesetze auch die räumliche Ausdehnung eines Wirtschaftsgebietes und damit seine Grenzen bestimmen. Von den ebenfalls auf diesen Gesetzen beruhenden Hauptprinzipien sozialistischer Standortverteilung der Produktion[50] kommt dem Prinzip der planmäßigen

47 Die Aufnahme des Bergwerkbetriebes, die Anlage großräumiger Tagebaue und die Neuerrichtung einer die Bergbauprodukte verarbeitenden Industrie in einem bisher vorwiegend landwirtschaftlich genutzten Wirtschaftsgebiet schränken zwangsläufig die Landwirtschaft räumlich ein und können bei nicht immer vermeidbarer Verschlechterung der ihr zugrunde liegenden Bedingungen (Absenkung des Grundwasserspiegels, starke Entnahme von Industriewasser aus dem Grundwasserkörper, Verschmutzung und Verseuchung des Grundwassers) sogar ihre Leistungsfähigkeit über größere Entfernungen hinweg mindern. Die für dieses Wirtschaftsgebiet bisher wichtigen Bedingungen treten zurück, andere hervor. Wasser wird als Industrie- und Nutzwasser zum wichtigsten „Rohstoff", der Faktorenkomplex „entstehendes Arbeitskräfteeinzugsgebiet und einsetzende Pendlerbewegungen" erhalten eine hervorragende Bedeutung.

48 Vgl. auch S. 20.

49 Im Sinne von Grundgesetzmäßigkeiten oder Grundtendenzen, die sich in ihrer territorialen Bezogenheit und mit ihrer territorialen Gestaltungskraft zu speziellen, konkreten Formen entfalten; vgl. auch: Politische und ökonomische Geographie, Einführung, Redaktion von H. Sanke, Berlin 1960, S. 552ff.

50 Vgl. auch Politische Ökonomie, Lehrbuch, Berlin 1961, S. 541ff.

territorialen Arbeitsteilung zwischen den Wirtschaftsbezirken, verbunden mit der komplexen Entwicklung der Wirtschaft innerhalb dieser Bezirke, eine besondere Bedeutung zu, da dieses Prinzip letztlich auch die anderen – wie höchstmögliche Annäherung der Produktion an die Rohstoff-, Brennstoff- und Energiequellen sowie an die Verbrauchergebiete für die industriellen und landwirtschaftlichen Erzeugnisse, planmäßige Verteilung der Industrie über das Territorium des Landes, die neue Städte und Industriezentren in zuvor rückständigen Agrarbezirken entstehen läßt und die Landwirtschaft der Industrie annähert, Beseitigung der faktischen wirtschaftlichen Ungleichheit zwischen den Völkern, rasche Entwicklung der Wirtschaft früher rückständiger nationaler Bezirke, komplexe Entwicklung und rationellste Verteilung aller Transportarten, wirksamste Ausnutzung der Naturschätze und der Investitionen sowie wirksamster Einsatz der Arbeitskräfte des Landes – mit einschließt und ihnen gerecht wird. Die ökonomisch-geographische Forschung hat auf dieser Ebene die Hauptaufgabe, den speziellen, konkreten Formen der Prinzipien sozialistischer Standortverteilung der Produktion nachzugehen, sie kritisch zu überprüfen und wirksamer zu gestalten, um so mit ihren spezifischen Mitteln zur Stärkung der Spezial- und Komplexproduktionen[51] des untersuchten Wirtschaftsgebietes (Makro-, Meso- oder Mikrorayon), zum Wachstum der Arbeitsproduktivität und zur Einsparung gesellschaftlicher Arbeit beizutragen.

Die *Interrayonanalyse* schließlich, die sich mit den Außenbeziehungen und -verbindungen der Wirtschaftsgebiete beschäftigt, stellt die not-

[51] Die Spezialproduktionen bewirken unter Ausnutzung der regionalen Besonderheiten — Natur, Bevölkerung, Wirtschaft, Geschichte — die maximale Entfaltung dieser Produktionszweige im Maßstab des Landes, die Komplexproduktionen dienen dagegen der Leistungssteigerung der Spezialproduktionen und der Versorgung mit anderweitig benötigten Produktions- und Konsumtionsmitteln im Maßstab des jeweiligen Wirtschaftsgebietes. Infolge des unlöslichen Zusammenhanges zwischen Spezial- und Komplexproduktionen erfolgt die komplexe Entwicklung der Wirtschaft innerhalb des jeweiligen Wirtschaftsgebietes niemals nur vielseitig, d. h. in Form willkürlicher Nebeneinanderreihung möglichst vieler Produktionszweige, sondern stets optimal, d. h. in Form planmäßiger Abstimmung der Produktionszweige aufeinander unter dem Gesichtspunkt größten Nutzeffektes. Aus den gleichen Gründen besteht ein grundlegender Unterschied zwischen komplexer Entwicklung und Autarkie.

wendige Ergänzung der Rayonanalyse dar; sie erhält eine um so größere Bedeutung, wie sich neue höhere Formen der territorialen Arbeitsteilung besonders in Verbindung mit der Spezialisierung und Kooperation der Betriebe[52] herausbilden. Die Spezialproduktionen der einzelnen Makrorayons der Sowjetunion sind gegenwärtig – gestützt auf durch optimale Verbreiterung und Komplettierungen vervollkommnete Komplexproduktionen, die einen qualitativ höheren Entwicklungsstand erreicht haben – so leistungsfähig geworden, daß sie territorial-arbeitsteilige Aufgaben[53] nicht nur im Maßstab der Sowjetunion, sondern darüber hinaus auch für die anderen sozialistischen Länder, ja für das ganze sozialistische Weltsystem übernehmen können. Solche Spezialproduktionen sind in der Produktionsstruktur und dem Standortgefüge ihres jeweiligen Makrorayons fest verankert, haben hier ihren *locus standi*[54], während sich ihr *Wirkungsraum* (*Field of employment*)[54] über die gesamte Sowjetunion, gegebenenfalls auch über andere sozialistische Länder, ja über das ganze sozialistische Weltsystem erstreckt. Aus diesen Entwicklungstendenzen im Zusammenhang mit der Übernahme internationaler territorial-arbeitsteiliger Aufgaben auch durch andere sozialistische Länder ergibt sich die nicht nur wissenschaftstheoretische,

52 „Die fortschreitende Spezialisierung und Kooperation sowie zweckmäßiges Kombinieren artverwandter Betriebe gehören zu den wichtigsten Voraussetzungen des technischen Fortschritts und einer rationellen Organisation der gesellschaftlichen Arbeit. Die Produktion typengleicher Erzeugnisse ist vorwiegend in spezialisierten Großbetrieben zusammenzufassen, wobei ihre rationellere Standortverteilung vorzusehen ist" (Programm und Statut der Kommunistischen Partei der Sowjetunion, angenommen auf dem XXII. Parteitag der KPdSU, Oktober 1961, Berlin 1961, S. 70).

53 „Die Schaffung der materiellen Voraussetzungen für den Aufbau des Kommunismus vollzieht sich durch die schöpferische Arbeit des Volkes in jedem Lande, auf Grundlage dessen, daß es einen ständig wachsenden Beitrag zum gemeinsamen Werk der Festigung des sozialistischen Systems leistet. Diesem Ziel dienen: . . . die ständige Vervollkommnung des Systems der internationalen Arbeitsteilung durch Koordinierung der Volkswirtsschaftspläne, Spezialisierung und Kooperierung der Produktion im Rahmen des sozialistischen Weltsystems" (ebenda, S. 127).

54 Diese von Karl Marx bei der Analyse des Arbeitsprozesses geprägten Termini – „die *Erde selbst*, denn sie gibt dem Arbeiter den *locus standi* [den Platz, wo er steht] und seinem Prozeß *den Wirkungsraum* (*field of employment*)" – sind im übertragenen Sinn verwandt worden (Das Kapital, a. a. O., I. Band, S. 188).

sondern auch wirtschaftspraktische Frage- und Problemstellung, ob und in welchem Grade die Zusammenfassung der in diesen Ländern bestehenden Mesorayons[55] zu Makrorayons nützlich und notwendig erscheint.

Die Nutzung der Natur, die Ausbeutung ihrer Hilfsquellen durch die menschliche Gesellschaft, verändert unvermeidlich das sie umgebende Naturmilieu, wobei diese im allgemeinen lange Zeitläufe umspannenden Veränderungen in der Regel einen elementaren Charakter hatten und ohne bewußte Berücksichtigung ihrer möglichen, oft nachteiligen Folgen[56] vor sich gingen. Die bewußte Umgestaltung der Natur muß sich dagegen von vornherein über ihre möglichen Folgen, darunter auch über ihre sämtlichen wirtschaftlichen Auswirkungen, klarwerden, sie kann daher auch nur in Einheit mit der planvollen Neugestaltung des Standortgefüges erfolgen. Die eng zusammenarbeitende physisch- und ökonomisch-geographische Grundlagenforschung ist hierfür eine unabdingbare Voraussetzung.

[55] Die Bezirke der DDR, die Wojewodschaften der Volksrepublik Polen, die Kraje der ČSSR, die Komitate der Ungarischen Volksrepublik, die Verwaltungs- und Autonomen Verwaltungsregionen der Rumänischen Volksrepublik, die Bezirke der Volksrepublik Bulgarien — ausgenommen die Provinzen und Autonomen Gebiete der Volksrepublik China — sind solche Mesorayons; sie alle sind sowohl ökonomische als auch administrativ-(national-)politische Territorialeinheiten.

[56] Die ständige Ausdehnung der Ackerfläche war in vielen Ländern mit einer starken Entwaldung ihres Territoriums und wesentlichen Veränderungen des Mikroklimas, häufig aber auch mit einer Verschlechterung der hydrographischen Bedingungen, der Wasserversorgung, und mit katastrophalen Bodenerosionen verbunden. — Die voranschreitende Industrie im Erdmaßstab hat durch das Verbrennen mineralischer Brennstoffe den Kohlensäuregehalt der Atmosphäre etwa um 360 Milliarden t Gas vermehrt, so daß der sowjetische Geograph I. P. Gerassimow annimmt, „daß bei der Beibehaltung des jetzigen industriellen Entwicklungstempos die Erdkugel [genauer gesagt ihre Atmosphäre] schon in 200 Jahren bis an die Höchstgrenze des Zulässigen gesättigt sein wird" (Die sowjetische geographische Wissenschaft und Probleme der Umgestaltung der Natur, in: „Nachrichten der Akademie der Wissenschaften der UdSSR, Serie Geographie," Moskau 1961, H. 5, S. 8).